ÉTUDE

D'ÉCONOMIE RURALE

ET SOCIALE

OUVRAGE COURONNÉ PAR LA SOCIÉTÉ ACADÉMIQUE DE LA MARNE (MÉDAILLE D'OR)

PAR M. E. BABLOT-MAITRE

agriculteur à Jonchery-sur-Suippe

Membre titulaire de l'Académie nationale de Paris; membre correspondant
de l'Institut des Provinces, de la Société d'Agriculture,
Commerce, Sciences et Arts de la Marne; lauréat de nombreux concours et auteur
de l'*Etude sur la Champagne agricole.*

> « Tout pour les campagnes et par
> les campagnes. »
> « L'amélioration des campagnes est
> plus utile que la transformation des
> villes. »
> NAPOLÉON III.

CHALONS-SUR-MARNE

J.-L. LE ROY, IMPRIMEUR-LIBRAIRE

1867

ÉTUDE

D'ÉCONOMIE RURALE

ET SOCIALE

OUVRAGE COURONNÉ PAR LA SOCIÉTÉ ACADÉMIQUE DE LA MARNE (MÉDAILLE D'OR)

PAR M. E. BABLOT-MAITRE

agriculteur à Jonchery-sur-Suippe

Membre titulaire de l'Académie nationale de Paris; membre correspondant
de l'Institut des Provinces, de la Société d'Agriculture,
Commerce, Sciences et Arts de la Marne; lauréat de nombreux concours et auteur
de l'*Etude sur la Champagne agricole.*

« Tout pour les campagnes et par
« les campagnes. »
« L'amélioration des campagnes est
« plus utile que la transformation des
« villes. »
NAPOLÉON III.

CHALONS-SUR-MARNE

J.-L. LE ROY, IMPRIMEUR-LIBRAIRE

1867

ÉTUDE

D'ÉCONOMIE RURALE ET SOCIALE

Quelle peut être l'influence, sur la production agricole, de la tendance des cultivateurs à placer leurs capitaux sur les valeurs mobilières ?

> « Ce n'est pas seulement le blé qui
> « sort de la terre labourée, c'est la
> « civilisation tout entière. »
> LAMARTINE.

L'Agriculture, cette mère nourrice de tous les peuples, nous apprend à jouir de tout l'univers. N'ayant d'autres bornes que lui, elle met la terre sous le joug, et par là, assujétit tous les êtres à l'homme. Puisque sans l'Agriculture on ne peut rien, et que c'est par les matières et les secours qu'elle nous donne que l'on vient à bout de toutes choses, il faut tout tirer d'elle, et elle ne fait que se transformer en mille manières différentes. Non contents des grains, des fruits, des animaux, des laines et des bois qu'elle nous offrait d'elle-même, pour nous nourrir, nous vêtir et nous meubler, nous avons créé mille arts, mille façons différentes pour absorber les présents de la nature et multiplier nos besoins. Tous les autres arts ne sont, à proprement parler, qu'une extension de l'agriculture.

L'Agriculture étant la base de toutes les sciences et de tous les arts, c'est donc par elle que l'on peut jouir de toutes les sciences et de tous les arts, avoir ce qu'ils ont d'utile, d'agréable, et faire sa terre suivant l'une ou l'autre de ces deux fins, suivant la nature du sol, du pays, le goût et l'intelligence du maître; aussi, l'abondance et les arts règnent-ils là où fleurit l'Agriculture.

La vie que l'Agriculture offre à nos yeux, est peut-être moins brillante que le faste et le tracas des villes, mais elle est infiniment plus touchante, plus utile.

Quand l'homme fut condamné à vivre de son travail, le capital n'existait pas : l'épargne constitua le capital; une réserve de fruits recueillis, un premier outil façonné, un champ cultivé, un troupeau, une cabane construite, tels furent les premiers capitaux. Les hommes firent des échanges en nature d'abord, puis ils inventèrent la monnaie qui est un moyen plus facile d'échange. Si, depuis cette époque, les épargnes obtenues des produits du sol y étaient toujours retournées sous forme d'améliorations, à quel point de production la terre n'en serait-elle point arrivée de nos jours ? Elle fût devenue alors une véritable source de richesse et de bien-être général pour tous; mais, malheureusement, nous nous sommes engagés et nous nous engageons dans la voie contraire, en éloignant les capitaux du sol.

L'Agriculture donc *prospère,* où il y a des capitaux, *languit, s'use* et *s'appauvrit* dans les contrées qu'ils ont quittées.

Le malaise, ou plutôt les souffrances auxquelles l'Agriculture est en proie de nos jours, a pour cause l'émigration des campagnes vers les villes, amenée par l'*émigration des capitaux;* cause puissante, qui a rompu l'équilibre nécessaire entre le prix de revient des produits du sol et le prix de vente : car le jour où le capital quitte la terre, l'ouvrier quitte la campagne et suit le capital à la ville, et les travaux des villes deviennent la conséquence du capital qui s'y amasse.

Les villes ont donc trop de consommateurs à nourrir, pendant que les campagnes ont trop peu de bras qui produisent. L'industrie moderne, avec ses brillantes perspectives, ses fortunes prestigieuses, son immense activité et le haut prix de ses affaires, absorbe à la fois les intelligences supérieures, les bras jadis employés au travail de la terre, et d'innombrables capitaux; les grandes entreprises d'utilité publique ont déclassé les populations et déterminé dans les campagnes cette vaste émigration vers les grands centres. Cet état de choses, vérité bien évidente, est non-seulement fatal à la production du sol dont il tarit les sources, mais encore funeste à la civilisation, aux mœurs publiques enfin, qu'il déprécie en substituant à l'existence calme du champ paternel l'existence agitée, ardente, et presque toujours misérable des cités populeuses !

Il n'y a plus de bien-être solide qu'au sein des familles laborieuses, à tous les rangs de la société, et le nombre exorbitant des hommes qui convoitent des emplois de tout genre dans les villes, dépasse dans des proportions énormes le nombre des emplois disponibles !

Qu'est-ce qui attire donc le plus l'ouvrier des champs vers les villes ? la surabondance anormale des travaux. Quelle est la cause de ces travaux surabondants ? les emprunts qui engagent dix, vingt, trente années de revenus, et ces emprunts se couvrent par les recettes progressives des octrois. Et qui fait progresser ces recettes ? le nombre toujours croissant des ouvriers attirés par ces travaux. Ainsi, quelle dangereuse rotation ! L'emprunt attire les capitaux qui attirent les hommes, les consommations de ces hommes accroissent le revenu, l'accroissement du revenu provoque de nouveaux emprunts. Le gouffre du crédit citadin, tourbillonnant sur lui-même, agrandirait sa bouche béante, que la France rurale tout entière, hommes, bras et capitaux y tomberaient sans le combler. Que dis-je ? Il n'en serait que plus large et plus avide encore !!!

N'est-ce point, je le demande, l'histoire de nos grandes villes d'aujourd'hui ? Ce système, qui est simple et clair comme le jour, si toutes nos villes, à l'exemple des grandes, l'employaient, poussées encore par nos préjugés antiagricoles d'une certaine classe, le monde finirait par être mangé à l'aide de ce formidable engin à double effet : l'emprunt, l'octroi : l'octroi, l'emprunt. Je ne dis point qu'il faille supprimer l'octroi, mais le modérer en modérant les travaux somptueux, car l'intérêt des citadins est solidaire de celui des campagnards.

Les travaux des villes renchérissent la vie et la rendent plus difficile ; les travaux du sol la rendent moins coûteuse et plus facile en multipliant les produits. La bonne pratique voudrait que l'on donnât le premier rang à ceux-ci, et aux autres le second, pour faire régner l'aisance générale.

On ne devrait point oublier ces paroles sorties d'une bouche auguste : « L'AMÉLIORATION DES CAMPAGNES EST PLUS UTILE QUE LA TRANSFORMATION DES VILLES. » C'est un bien inappréciable pour le sol français, qu'il soit cultivé par des propriétaires réunissant le capital à une instruction spéciale et le goût de la vie rustique, consacrant ainsi à la culture et à l'amélioration de ses produits leur temps et leurs revenus. Où en serions-nous, si le sol était privé entièrement de ces forces vives et du capital qui règnent encore aujourd'hui sur les deux tiers de son étendue ? Il y en a toujours assez à côté d'eux qui iront dissiper leur vie et leur fortune dans les passe-temps malheureux d'une existence malsaine et désœuvrée au sein des grandes villes.

On voit, en effet, chaque, année les communes se dépeupler au profit des centres industriels, où l'industrie et le commerce progressent de toutes manières. On oublie trop de nos jours que des trois branches de la richesse publique, la première, c'est l'Agriculture qui *produit* ! tandis que l'Industrie ne fait que transformer et le Commerce distribuer.

Cette multitude grossissante d'hommes attirés vers les villes est un fléau pour les centres qu'ils encombrent, aussi bien que pour les campagnes qui les perdent. Non, la désertion des campagnes ne peut être un bien pour personne ; il n'y a qu'un moyen de l'arrêter : ce serait que sur les capitaux gagnés sur l'agriculture il en revînt une plus grande partie au sol, en améliorations, engrais, chemins, bâtiments, et en institutions et en écoles ; que cette forte partie du capital s'employât à faire prospérer les populations rurales, et que les propriétaires n'appliquassent que le surplus à leur luxe, à leurs plaisirs. On peut donc dire également que l'émigration des bras et des capitaux a aussi pour cause l'émigration des têtes de la société rurale.

Le mal est profond et déplorable. Ainsi, le propriétaire rural qui dépense tous ses revenus à faire

vivre des tapissiers, des carrossiers, des théâtres, etc.,
méconnaît sa mission de propriétaire, son devoir de
chrétien et de français; il prive sa terre d'améliorations toujours nécessaires, qui l'auraient rendue
capable de produire dix fois plus de récoltes, de
nourrir dix fois plus de bétail. Il est à remarquer
que la richesse factice qu'il suscite à la ville s'use
et périt à mesure qu'elle est produite, tandis que
les capitaux confiés au sol y auraient créé une
richesse qui se multiplierait en elle-même, d'année
en année, de génération en génération. Un grand
écrivain a dit : « L'homme de luxe ne consomme
pas, il consume. »

Si on calcule les millions dérobés au sol rural
tous les ans par les goûts frivoles, par la passion
de jouir, par la faculté de consommer aux dépens
de la faculté de créer, on aura la somme des bouches
qui sont ainsi forcées de déserter les campagnes, et
des déserteurs du travail qui sont la queue obligée
des déserteurs du luxe et du plaisir. Oui, au lieu
de peupler les antichambres de solliciteurs, au lieu
de grossir le flot toujours menaçant des déclassés,
qui vont jouer leur âme et leur patrimoine sur le
tapis-vert des hasards de la vie, il importe de faire
comprendre aux jeunes gens que leur pays natal
offre à leur activité une carrière assez honorable et
assez vaste pour y attacher toutes leurs espérances.
Combien de pères de famille, propriétaires, ont dé-

ploré et déploreront longtemps encore ces désolantes illusions, qui leur ont fait pousser leurs enfants dans les carrières industrielles et administratives.

Si le développement excessif de l'esprit d'industrie, si une centralisation exagérée, si l'absentéisme des propriétaires ruraux, la concurrence des salaires industriels sont autant de mobiles qui ont fait affluer les ouvriers des champs vers les villes, il y a encore d'autres motifs des plus graves qui contribuent puissamment à cette double émigration : je veux parler de la transformation du crédit qui a substitué partout le goût des valeurs mobilières à l'amour du sol ; l'exemple des fortunes rapides réalisées dans le monde financier ; l'éclat qu'elles jettent et l'influence séductrice qu'elles exercent sur l'esprit et le cœur des populations rurales.

Examinons donc maintenant cette transformation de crédit, et étudions les causes qui font rechercher les valeurs mobilières aux dépens des valeurs foncières. Ces causes résident dans les nombreux avantages que présentent les placements mobiliers.

Pour le prouver, il suffit de comparer les deux natures de propriétés.

Ainsi, avec la terre, vous êtes entravé de charges, d'impôts, de centimes additionnels, de centimes extraordinaires, prestations en nature, servitudes de toutes sortes, perte de 10 p. % sur la valeur du capital si l'on veut vendre, difficulté de trouver des acquéreurs, publicité, actes, dépréciation qui en résulte pour la propriété et la situation politique et sociale du propriétaire; emprunt par hypothèques dans les mêmes conditions, publicité, actes, fausse position du propriétaire emprunteur qui devient l'homme d'affaires du prêteur, réel propriétaire, droits de succession sur la propriété hypothéquée, sur la dette comme sur ce qui est libre, quoiqu'on n'hérite pas de ce qui reste en dehors de l'hypothèque, difficultés de revenus régulièrement payés, enfin, entraves de toutes sortes. En résumé, frais pour vendre, acheter, affermer, échanger, partager, liquider, liciter, hériter, emprunter, etc., tout est motif à dépenses et souvent à procès.

La propriété mobilière est bien différente, la mobilité est son caractère principal; toutes ses allures sont rapides.

En effet, la Bourse est un marché qui lui est constamment ouvert. En vingt-quatre heures, les valeurs les mieux établies, les plus exemptes de contestations, passent du vendeur à l'acheteur, tandis qu'avec la même rapidité l'argent passe de l'acheteur au vendeur.

Pour les valeurs mobilières, pas d'entraves; faciles à négocier, à transférer, à déplacer d'un lieu à un autre, à déposer en lieu sûr, elles échappent, par leur mobilité même, à toutes les lois sur l'égalité des partages par voie de succession; les posséder, c'est être maître absolu de sa fortune. En temps de paix, elles ont les bénéfices que leur offrent les grandes entreprises de l'industrie, du commerce et des travaux publics; en temps de guerre, elles ont les emprunts d'Etat et les combinaisons stratégiques de la hausse ou de la baisse, selon que les spéculations reposent sur les victoires ou les défaites des armées.

Avec les valeurs mobilières telles que la rente, les obligations de chemins de fer, et toutes les bonnes valeurs, vous avez l'intérêt payé à jour fixe, pas ou peu d'impôt, pas de charge; si l'on veut vendre, pas de publicité, pas d'actes, pas d'enregistrement; si l'on veut emprunter, il suffit de déposer des valeurs en garantie, et l'on obtient une partie notable du capital, sans acte et sans publicité : on rembourse au moment favorable de la reprise des valeurs; si on veut toucher le coupon avant l'échéance, il n'est besoin que de le détacher, et l'on vous paie à l'avance, et cela pour une modique commission.

Moyennant un dépôt, on vous ouvre un crédit sur toutes les places du monde; vous allez où vous voulez, vous êtes libre toujours; avec la terre, vous ne l'êtes pas : vous êtes cernés, enlacés dans le labyrinthe des lois qui vous oppressent de toutes parts.

Tant d'avantages doivent nécessairement faire rechercher les valeurs mobilières et opérer de grands remaniements dans la distribution rurale. Ainsi, par exemple : Un propriétaire partage sa fortune entre ses deux enfants : l'un a eu pour sa part la terre patrimoniale, l'autre l'argent ou les valeurs mobilières. Plusieurs années s'écoulent; la fortune du propriétaire foncier est restée stationnaire, tandis que celle du propriétaire des valeurs immobilières s'est accrue considérablement, et cela avec moins de peine, moins d'embarras.

En envisageant donc, sous leurs aspects les plus larges, la situation des deux genres de propriété, il est incontestable que, dans ces derniers temps, les valeurs mobilières ont, à cause de leurs avantages, été plus recherchées que les propriétés foncières. Ainsi, lors des fameux emprunts de 1854 et 1855, lorsque le Gouvernement demandait 150 millions, le pays lui offrait 6,294,191,985 fr. Dès ce moment, date la grande émigration du capital rural vers les villes.

Il est visible que les priviléges attribués à la propriété mobilière ont dépassé le but, en ce sens qu'ils ont rompu un équilibre indispensable entre les valeurs foncières et les valeurs en portefeuille.

Lorsque partout, l'industrie, le commerce, les travaux publics qui font appel au capital, pourront lui offrir des gages et des profits exempts de charges et d'impôts, il est évident que tout le capital rural répondra toujours à ces appels, au détriment de l'Agriculture.

La disette des bras, causée par l'éloignement des capitaux du sol, est un des plus grands dangers pour la fortune publique, et il est à craindre, qu'en augmentant de la sorte, elle ne finisse par nous amener la disette du pain, qui en serait la triste conséquence.

Il est donc bien reconnu que les impôts surchargent la propriété rurale et ménagent la propriété mobilière. C'est là un non-sens économique, qui avantage cette seconde aux dépens de la première. Les valeurs mobilières sont non-seulement imposées au minimum, beaucoup ne le sont même pas du tout, mais encore elles sont surexcitées, encouragées dans leur formation et leur développement par des combinaisons financières les plus ingénieuses. Toutes ces considérations entraînent vers le capital mobilier qui procure, dans les grands centres de population, des intérêts plus considérables, plus régulièrement perçus, donnant tous les éléments de la liberté sociale sans être tenu à aucune charge, et sans que le monde se préoccupe de ces actes.

Ces circonstances dénotent bien clairement un manque d'équilibre que *l'égalité devant l'impôt* devrait tendre à rétablir.

Je ne conteste point qu'on a bien fait d'encourager les grandes sociétés de chemins de fer et autres, car je regarde les associations comme chose nécessaire, notamment les associations agricoles.

J'admets qu'il a fallu offrir à ces sociétés naissantes des priviléges qui puissent favoriser leur origine; mais le but est atteint. Voici aujourd'hui une situation nouvelle résultant de la création même de nouvelles valeurs : les grandes sociétés sont constituées. Devenues florissantes, elles offrent à l'argent une sécurité qu'elles ne lui offraient point à leur origine, et elles n'en jouissent pas moins encore des priviléges particuliers dont on les a dotées.

Mais, pendant que se créaient ces nouvelles valeurs, l'Agriculture, elle, a-t-elle vu son sol prospérer ? Tout agriculteur sait malheureusement le contraire. Imposée à l'excès à l'époque où elle seule offrait un placement au capital, la terre est restée grevée d'une manière abusive. Tandis que voici de nouvelles valeurs qui pouvaient à leur tour contribuer aux dépenses de l'Etat, la terre seule encore répond aux exigences fiscales.

Les agriculteurs, se trouvant aujourd'hui dans l'impossibilité de soutenir une lutte absolument inégale, ne sont-ils point autorisés à dire au législateur : « Dans le temps où la terre était l'unique « placement offert à l'argent, vous avez frappé la « terre seule d'impôt, vous ne pouviez faire autre « ment, vous avez bien fait. Pour faciliter l'éta-

« blissement de nouvelles valeurs, vous n'avez pas
« marchandé les priviléges, vous avez eu raison.
« Nous ne vous demandons point de rompre vos
« engagements, mais nous ne pouvons vous laisser
« ignorer que tels sont les résultats de vos engage-
« ments et de vos faveurs, que la terre obérée et
« rapportant peu par elle-même, pouvait cependant
« attirer les capitaux, lorsqu'elle était le seul pla-
« cement offert à la fortune publique; mais qu'au-
« jourd'hui, en présence de nouvelles valeurs rap-
« portant dix fois comme elle, elle est condamnée
« à voir tous les capitaux l'abandonner. »

Aujourd'hui, toutes les valeurs mobilières créées
depuis vingt ans font un total égal à la valeur ter-
ritoriale de la France. Il est difficile, si ce n'est im-
possible, d'arrêter l'essor des valeurs mobilières :
il y a encore pour plus de 400 millions d'obligations
de chemins de fer pendant plus de six ou sept ans
afin de terminer les réseaux commencés. Les valeurs
mobilières seront toujours des valeurs très-recher-
chées, quand même elles seraient meilleures contri-
buables.

Dans la vie, chaque chose a ses avantages et ses
inconvénients; chaque médaille a son revers. Malgré l'attrait des plus séduisants des placements mobiliers, les exemples de revers ne manquent cer-
tainement point. Je ne parlerai, hélas ! que pour
triste mémoire, des sommes fabuleuses englouties

dans des sociétés qui semblaient cependant aussi présenter les garanties et toute la sécurité désirables.

Je citerai encore un fait unique, inouï dans l'histoire moderne : En 1866, on a vu le passif d'une faillite anglaise s'élever au chiffre gigantesque de 150 millions !!! faillite dont les terribles contre-coups se sont fait ressentir jusqu'en France.

Malgré tant de sinistres, ne voit-on pas, trop souvent encore, bien des gens aliéner leur patrimoine et retirer tous leurs capitaux de la propriété agricole pour les engager sur le tapis-vert de la spéculation, attirés qu'ils sont par l'appât de gros intérêts, de lots équivalents à des fortunes et de gros dividendes.

Chaque année, la spéculation n'inonde-t-elle point nos campagnes de nombreux prospectus des plus pompeux pour attirer dans ses caisses les fonds sortis du sol, et que le sol devrait être chargé de faire produire.

Tant de sinistres, de revers devraient rappeler aux familles rurales que c'est *leur terre*, et non *la Bourse*, qui est la *meilleure Caisse d'épargne*.

Que les habitants des campagnes cessent donc de tourner leurs regards vers les villes, où l'agiotage et les primes de loteries aspirent comme des vampires les épargnes du travail agricole.

Arrière donc les draineurs de capitaux, les apôtres

de l'ignorance rurale, qui emprisonnent le monde civilisé dans le cercle métallique de la Bourse !

L'heure est venue, et il est grand temps d'appliquer à la production de la terre les combinaisons ingénieuses qui ont donné au progrès industriel une si merveilleuse impulsion.

Un éminent écrivain, M. A. Karr, disait, il y a deux ans : « Il faut courir aux campagnes comme à « un incendie. » Comme tous les mots d'une profonde vérité, ce cri ne fut point compris ; la foule continua d'accourir aux emplois, à la Bourse, à l'industrie, à tout ce qui rend l'enfant du sol étranger à sa vraie patrie, à sa vraie vocation. Mais les événements ont parlé à leur tour ; ils ont donné à la parole de M. A. Karr une consécration qu'il n'est plus possible de méconnaître.

Oui, il faut courir aux campagnes comme à un incendie, et y rapporter avec soi ce qu'emportaient aux villes ceux que l'ambition y a poussés : les capitaux, l'intelligence, le crédit, l'association, etc., toutes les forces vives, en un mot, qui ont centuplé la fortune mobilière du pays depuis quarante ans, appliquez-les au sol aussi longtemps et dans les mêmes proportions.

Le meilleur banquier, c'est, à coup sûr, la terre. On ne doit cesser de lui prêter que lorsqu'elle est largement approvisionnée de tout ce qui peut l'amener au plus haut degré de fertilité : chemins, engrais, drainage, irrigations, etc. Je dois faire remarquer que la prospérité matérielle d'une exploitation agricole dépend de la quantité d'engrais qu'elle produit; or, les prairies naturelles sont les sources les plus fécondes d'engrais.

Tout argent qui peut s'échanger contre un agent de production ne devrait point trouver d'autre emploi dans les mains d'un cultivateur véritablement pénétré de saines idées sur sa profession.

Il est un moyen précieux pour les cultivateurs d'employer leurs épargnes : c'est de fonder des associations de banque annexées à la Compagnie du Crédit agricole de Paris. Ces Compagnies, dirigées et contrôlées par les principaux propriétaires de chaque centre, qui y garantiraient personnellement les capitaux engagés, recevraient, en compte courant, l'argent et les valeurs de leurs clients; elles en encaisseraient pour leur compte le prix des objets vendus par eux et feraient leurs paiements. La banque leur servirait un intérêt de 3 p. % pour les sommes dont ils seraient créanciers, et percevrait un intérêt de 4 p. % pour celles dont ils seraient débiteurs. L'excédant de 1 p. % payerait les frais d'administration et les frais aux clients. Les caisses ouvriraient à chaque client un crédit proportionné à leur solvabilité réelle.

De nos jours, les cultivateurs qui ont de l'argent se gardent bien de l'employer aux besoins les plus évidents de leur culture. Ils préfèrent laisser celle-ci en mauvais état et acheter des valeurs mobilières. On ne se figure point les millions ainsi employés par les gens qui les ont amassés à cultiver la terre, et qui en amasseraient bien davantage s'ils les faisaient rentrer dans la terre au lieu de les mobiliser dans des achats imprudents.

Il y a en France un nombre considérable de propriétaires agricoles qui sont pauvres et gênés avec un capital qui serait un agent de richesse s'ils le convertissaient en instrument de travail.

L'argent utilisé en améliorations agricoles dans les champs et les prés, profite à tout le monde, au prêteur et à l'emprunteur, au cultivateur, au propriétaire, au Gouvernement, à la commune, enfin au pays tout entier, dont la richesse est accrue d'autant.

Fuyons donc les annonces décevantes, que des industriels financiers nous tendent tous les jours, et sachons que l'Agriculture est l'industrie la plus propre à féconder les capitaux qu'on lui confie; que la terre est le plus sûr et le plus honnête des banquiers de toutes manières, et ne cessons de lui faire des avances que lorsqu'elle est pourvue de tous les agents de fertilité.

Tout cultivateur qui au lieu d'employer ainsi ses épargnes, les envoie à la Bourse, manque à l'honneur comme aux intérêts de sa profession.

En somme, une circulation régulière des capitaux dans les campagnes y rendrait l'Agriculture plus industrieuse, les capitaux et les bras ne se jetteraient plus en masse vers les grandes agglomérations urbaines, et les éléments du monde économique : population, capitaux, travail, production, consommation trouveraient enfin l'équilibre vainement cherché jusqu'ici.

1240. — Châlons-sur-Marne, imprimerie J.-L. Le Roy.